该专著为西北民族大学中央高校基本科研业务费专项资金资助成果
（项目编号：31920210086）

数字建筑速写
表现技法研究

张志腾　著

九 州 出 版 社
JIUZHOUPRESS

图书在版编目（CIP）数据

数字建筑速写表现技法研究 / 张志腾著 . -- 北京 ：
九州出版社 ， 2022.5
　ISBN 978-7-5225-0914-3

　Ⅰ . ①数⋯ Ⅱ . ①张⋯ Ⅲ . ①数字技术－应用－建筑
艺术－速写技法－研究 Ⅳ . ① TU204.111-39

中国版本图书馆 CIP 数据核字（2022）第 069191 号

数字建筑速写表现技法研究

作　　者	张志腾　著
责任编辑	云岩涛
出版发行	九州出版社
地　　址	北京市西城区阜外大街甲 35 号（100037）
发行电话	(010)68992190/3/5/6
网　　址	www.jiuzhoupress.com
印　　刷	定州启航印刷有限公司
开　　本	710 毫米 ×1000 毫米　　16 开
印　　张	10.75
字　　数	181 千字
版　　次	2022 年 5 月第 1 版
印　　次	2022 年 5 月第 1 次印刷
书　　号	ISBN 978-7-5225-0914-3
定　　价	69.00 元

　　近年来，随着信息通信技术的日益发展，传播媒介与方式也在持续发生质变。在以"屏幕"为信息阅读与互动介质的当前，以数字媒介为主的媒介生态对日常生活的介入，使我们的传统知觉的习惯悄然发生位移。这对于艺术创作而言，既是挑战，又是机遇。

　　传统建筑速写是依靠"纸面"来实现对建筑实体的图绘的，而如今建筑速写中的"纸"却消失了，取而代之的是"屏面"。从"纸面"到"屏面"，看似是媒介的变化，但实质上却是艺术创作方式的根本性变革。"屏面"消解了笔和纸的物质性，将其以电子话语聚合于"屏面"背后数字互动和算法思维的矩阵显像之上。可以说，数字建筑速写的出现正当其时。

　　本书主要围绕建筑速写数字多元技法表达展开研究，以详尽的创作案例进行分析，内容注重理论与实践的有机结合。书中所有数字作品均为本人原创，方便读者能够直观、快捷地掌握相关知识。相信大家通过对本书的阅读，不仅可以快速领悟建筑速写的数字化表达技法，而且能够提高搜集创作素材的能力、锤炼速写技巧、培养敏锐的观察力。

　　该书依据本人近年来的实践创作和教学经验，结合创作过程中的所感、所悟、所得，针对当下社会相关行业的实际需求著述而成。全书内容力求做到主题明确、结构清晰、方法得当、方便理解。由于著者水平有限，书中难免有不足之处，敬请业界同人及专家批评、指正。

绪　论

德国哲学家海德格尔曾说过："此在是一种时间性的展演。"在他看来，技术所到之处，无不构建着人与自然、人与人的某种新的关系。更为重要的是，新的技术的出现会生产出一种新的关系，并对现有的社会行为进行重组。建筑速写伴随着现代新技术的出现而成为现代设计较为重要的表达方式。长期以来，建筑速写也在新技术媒介的不断更新中，更新着自我的表达可能。

在数字化生存的当前，以数字化的方式进行建筑书写的创作就成为必然趋势。建筑速写的数字化表现作为信息时代下数字绘画艺术的科技展面，成为一种全新的视觉表现形态，在发展及演变过程中，也逐渐展现出自身明确的属性特征。不仅如此，在形式语言、创作路径、审美倾向及评价准则等方面也都构建起自己的生存边界。数字建筑速写所呈现的这些属性特征，一方面能够反映出这种新兴数字艺术样态的自身面貌，另一方面也反映出数字绘画与传统架上绘画、插画、建筑、环艺等艺术、设计视觉样本在某些层面存在的内在关联。所以，对数字建筑速写的表现属性及其形态特征进行详细研究，能够为我们梳理出数字绘画内在的发展逻辑及其创作倾向提供有意义的支撑。

众所周知，计算机、绘图仪、压感笔等信息绘图设备的出现为进行数字建筑速写的创作提供了决定性的客观条件。因此，若要对数字建筑速写的叙事进行清晰的阐明，就要探寻数字绘画的发展，追溯其辅助硬件设备的发展。1963年，Sketchpad程序系统诞生，它所配套的触屏感应屏幕，能够使用户使用光电触控数字笔进行内容输入。这一突破性技术的实际运用，不仅实现了计算机图形学的迅速发展，也为后来的计算机辅助输入硬件设备提供了发展思路。1963年，学者伊凡·苏泽兰（Ivan Sutherland）在麻省理工学院完成了题为《画板个人机通信的图形系统》的博士论文，其交互式计算机绘画的构想，为计算机图形及图形技术发展确定了基本思路。1965年，德国学者乔治·内斯 (Georg Nees) 和弗里德·纳克 (Frieder Nake) 等人一道成为计算机艺术的先行者。他们陆续开始探索使用大型计算机、绘图仪和算法创建视觉艺术作品。1970年后，微型计算机的快速普及，使数字绘画创作从单纯地模仿传统媒介走向利用电脑程序创作并生成艺术作品。尤其在1980年，日本 Wacom 公司发明了世界上第一块电磁式感应数位板。作为信息输入硬件设备的辅助和补充，这款产品改善了人与计算机之间的信息交互手段，在兼顾创作过程便捷性和效率性的同时，配合研发的数字绘图软件，对数字绘画的发展产生了革命性的影响。进入21世纪，美国互联网企业苹果公司于2010年推出的 iPad 系列平板电脑，微软公司于2012年推出的 Surface 系列平板电脑，都为广大绘画创作者带来了高效的交互创作体验，其各自推出的智能数字笔 Apple Pencil 和 Surface Pen、配合第三方开发的绘画软件 App，最大限度地模拟出绘画的仿真过程。换言之，数字绘画的发展与计算机图像处理技术的进步密切相关，其样态与创作方式也随着科技的发展而不断地发生变化，也为自身艺术语言和评价话语的构建提供了必要的基础。

本书以数字绘画技术为载体，借助数字媒介创作，试图将这一带有浓厚信息时代特征的艺术形态作为一种独立的艺术样本而构建出自身的艺术话语，同时也为自身创作观念的构建及其艺术话语的界定提供必要的路径。寄希望结合自己近几年的创作经历和经验积累，通过数字建筑速写概述、构图原理、基本技法、创作案例解析、主题创作赏析五个部分，探究数字建筑速写的深层次创意表现技法，来表达自己的感知、思维和创意，而不仅仅是纸本绘画数据化的另一种延伸。

第一章通过数字建筑速写概念、功能、特征、表现形式以及本人创作中经常使用的软件、硬件平台等内容，探讨数字建筑速写的传播媒介、载体形态以及美学转向。第二章针对透视规律、构图以及景别等内容，分析数字建筑速写在摆脱了现实物理尺幅的局限性后，如何重塑构图边界的问题。第三章分析数字建筑速写的绘画工具及基础技法，确定自身语言形态的构建。第四章基于不同软件的创作案例解析，阐释建筑速写的数字化创作路径，实现各种情境下的实验创作，展现创作机制与话语逻辑。第五章通过数字建筑速写主题创作赏析，表达自己的创作观念，从而拓展数字建筑速写表现的创作空间。

总而言之，数字建筑速写作为当下一种新兴的艺术叙事方式，与社会技术发展、艺术创新、时代的需要，尤其是大众媒介的广泛普及都有着内在关联。应该说，数字建筑速写的出现不仅没有抹杀纸本传统，反而以另一种方式激活了纸本传统。其中，数字创作与纸本创作共同享有相同的美感体验，不同在于传达媒介的差异性。数字建筑速写既延续着传统纸本速写的某些创作范式，又强调自身的实验性与创新性，进而为自身创作理论、表现形式、审美评价等层面的构建奠定了必要的基础，而这些因素最终又推动着数字建筑速写发展成为一种具有鲜明时代属性的艺术表现形态。

1

概述

新媒体技术手段的应用对当代艺术设计的创作方式、表现形式、审美价值等产生了极大的改变。大量的艺术工作者将新媒体技术这种新兴的数字化工具，广泛应用于艺术实践工作中，这使新媒体艺术逐步走进大众的视野。工具的进化直接影响着绘画创作的方式和形态。数字绘画作为人类社会发展到数据时代的标志性产物，是科技、艺术、文化融合发展下的全新绘画形态，数字艺术研究也已经成为这个时代的显学。数字化速写作为数字图像艺术最主要的表现形式，不仅挑战着传统艺术创作模式、欣赏方式，还在虚拟现实交互设计、网络游戏制作、网络媒体艺术、动漫设计、插画设计等前沿领域发挥着至关重要的作用。

1.1　数字建筑速写的概念界定

1.1.1　概　念

数字建筑速写是数字绘画的一个重要组成部分，是指通过数字化的绘画手法，在短时间内描绘以建筑物室内外空间为主体表现，塑造建筑物与辅助景观环境和谐共生关系的一种绘画形式。

数字建筑速写依据便携式平板电脑或台式电脑的不同硬件要求，选择性地利用绘画软件和数字绘图辅助工具快速完成数字化建筑主题表现的绘画创作，利用数字化创作工具对传统建筑速写的表现内容进行了有益的扩充。同时，传统建筑速写的艺术语言和艺术创作形式在数字化存在的场域价值下，也发生着根本性的变化，这使得速写作品具有了新的艺术特质。数字建筑速写利用较短暂的绘画时间，就能达到传统速写不可能表现的视觉表现张力，使人耳目一新。另外，数字化技术高效、便捷的操作体验，也极大地提高了建筑速写的创作质量及效率，扩展了速写作品传播的渠道。如图 1-1、1-2 所示，这两幅速写作品均使用 Apple iPad、Apple Pencil 硬件平台，结合 Noteshelf 软件绘制完成，运用 Noteshelf 软件内置的多样化数字绘画工具，呈现出风格迥异的视觉效果。

图1-1　西北民族大学图书馆

图1-2　魏玛小镇

1.1.2 功能及意义

数字建筑速写是搜集创作素材、锤炼绘画语言、体验生活、练就造型、训练画面构成关系、培养敏锐观察能力与增强记忆能力的有效途径。

（1）数字建筑速写的基本功能是训练造型能力。在短时间内利用数字化速写工具快速地记录建筑的形体特征和周围环境，可以大幅提高受训者敏锐观察的能力、造型能力、取舍能力、随机生发能力、果敢处理画面突发状况的能力、形象记忆的能力。正是由于它的时间性限制，因此要求作画者具备大局意识，既能概括画面、注重大的结构关系，又能对细枝末节进行细腻刻画。著者在兰州国学馆的一张写生作品，采用 Apple iPad、Apple Pencil 硬件平台，结合概念画笔软件进行创作，运用俯视视角表现，快速地描绘出正午时段国学馆内的中式建筑在光线照射下的结构特征和建筑周边的地形地貌，如图 1-3 所示。

图 1-3 兰州国学馆

（2）数字建筑速写是记录、搜集和积累建筑素材的有效方式，可以有针对性地为相应的创作工作搜集建筑形象资料。如，为建筑三维场景还原提供帮助，为油画、雕塑创作提供原始素材。通过速写形式记录每一座建筑的样貌，从而完善学习、分析的过程，也能对培养观察能力和归纳能力起到重要作用。

（3）掌握数字建筑速写方法是设计师记录和从事创意表现的一种重要手段，是创意灵感最具活力的来源。借助计算机数字技术，数字建筑速写以其快捷方便的绘制操作，在设计初期能够给设计师草图构想以技术辅助，能够轻松地实现对设计方案的空间模拟呈现，促进人们对设计思想的深入理解，增强交流。

（4）数字建筑速写作为一种快速的绘画艺术表现形式，通过图示化的方式对主题进行视觉呈现，遵循绘画作品形式美的构图原则，提高人们的审美情趣。通过建筑速写的数字化处理，对画面要素进行组织、安排、取舍的过程，能充分发挥主体对描绘对象的再认识，强化审美感受，使作品具有超乎表象的透视、结构之上的审美价值。如图1-4所示，著者打破了以往传统速写的描绘手法，综合运用 Art Set 绘画软件中的中性笔、水彩笔等画笔工具，在短时间内通过对场景建筑及配景上色、晕染，使画面中的每一个视觉要素在整体的视觉构成中发挥着自己的单元作用，从而使画面具有了形式美感与精神感化力。

图1-4　冬日金城

1.2　数字建筑速写的主要特征

数字化的建筑速写作品看似与传统意义的建筑速写作品有着相似的视觉

效果，但作为数字模拟的产物，数字建筑速写却又在创作思维方式、价值观念、绘画方法以及审美倾向等诸多方面与传统建筑速写有着本质的区别，并进一步展现出独有的特征。

1.2.1 从"纸张"到"屏幕"

首先，体现在数字建筑速写绘画工具和创作手法的革新上。数字建筑速写所需的绘画工具通常包括硬件和软件两部分。硬件除平板电脑和台式电脑外，还包括数字画笔、数位板、数字压感笔等辅助工具；传统的各种绘画纸张、画布也均被移植在电脑显示屏幕上。软件则根据平台系统要求的不同，呈现出多样化的特征，主要包括基于平板电脑平台的 App 软件，主流绘画软件有 Procreate、Noteshelf、Sketches、Art Set 等；基于 PC 平台的图形绘制软件主要有 PS、Krita、Paint、SAI 等。绘画者通过隐蔽于硬件外壳之下的复杂程序机制，配合对绘画软件的熟练操作，选择不同类型的数字仿真画笔就可以真实模拟出各种传统绘画风格，极大地增强了速写的表现效果。如图 1-5 所示，该场景为西北民族大学榆中校区供热站，采用 Noteshelf 软件中的钢笔绘画工具，笔触已经无限地接近真实钢笔效果，采用明暗表现速写类型，真实地表现出建筑的体面关系。

图 1-5 西北民族大学供热站

1.2.2 数字化存储与传播

创作者在创作数字建筑速写时几乎摆脱了原有物质条件的限制与束缚，

只需掌握各种绘画软件的操作方法和技巧即可快速进行速写创作。数字速写工具的非物质化特性也使建筑速写在创作步骤上开始脱离传统速写的常规步骤限制，而且绘画软件设置的撤销返回功能完全避免了败笔的可能。

数字建筑速写便捷的数字化多格式存储能力，使图像的真实性可以得到最大化保留。传统建筑速写以纸张这种物质形态保存的形式容易受到材料、温度、湿度等多种因素的制约，而且容易丢失。以虚拟形式存储在数字存储介质上的数字速写作品，则不存在损坏、变色、丢失等问题，可以上传至云盘，软件的图层功能也方便作品的后续修改和作画步骤保护。如图 1-6 所示，该作品采用 Art Set 绘画软件的多图层分层绘制功能，实现实时修改、保存，提高了绘画过程的纠错率。

图 1-6　西北民族大学一角

数字建筑速写还拓宽了传播路径。数字绘画作品采用基于比特传送的数字化传播途径，通过数据流在网络系统中迅速传播，将数字建筑速写作品发布在诸如微信、微博、抖音等多元化的网络平台上，方便受众欣赏以及再创造，虚拟存储及传播。

1.2.3　多样化技法融汇

根据数字绘画软件的特性，每一个软件都有相应的画笔笔刷，这些笔刷都具备高度仿真的模拟画笔，可以真实模仿各种画种的效果，这也使更多非专业的绘画爱好者能够综合运用各种工具、材质进行创作。数字绘画软件的产生降低了速写绘画学习的门槛，创作者只需熟练掌握某一类绘画软件的操作技巧，在具备基础的造型能力后就能够进行建筑速写创作，不仅提高了学习效率，还节约了时间和资金成本。这对数字速写艺术的推广与普及也发挥了积极的作用，扩大了速写艺术的创作群体和欣赏群体，重塑了艺术与普通大众的新型进化关系。如图 1-7 所示，该作品模拟中性水笔和水彩画笔效果进行创作，扩展了速写绘画使用工具的范畴。

图 1-7　河畔暖阳

1.3 数字建筑速写的表现形式

结合数字速写常用的绘画软硬件的特征，可以将数字建筑速写的表现形式分为线条表现、线面表现、明暗表现和综合表现四种。这四种表现形式的侧重点均不一样。线条表现主要侧重于建筑场景的轮廓表现，体现建筑的整体结构；线面表现主要侧重表现建筑的形体与空间关系；明暗表现侧重建筑的黑白层次体面效果；综合表现更加侧重软件画笔工具的综合运用，反映创作者的主观感受及艺术观念。

1.3.1 线条表现

在从事数字建筑速写时，使用线条表现建筑场景，往往可以强调画面的整体感。通过规则与不规则线条的相互结合，将建筑外轮廓的灵动感充分体现出来。每根线条都表达着对所描绘建筑的独特理解和把握，利用线条的粗细、交叉、疏密、连续、均衡可以将建筑物的形质、空间和特点表现出来，还可以利用线条形态本身的变化和线的穿插、虚实关系将建筑物的丰富含义和审美意趣体现出来。

图 1-8 是著者在意大利莱比锡的一张数字建筑速写写生作品，采用偏细的线条绘制建筑轮廓，将建筑的细节完整结构描绘出来，体现了古老建筑的年代感。

图 1-8　印象莱比锡

1.3.2 线面表现

线面表现主要是利用线条概括出对象的大致轮

廓，通过在轮廓内填充明暗色块体现建筑体面的表现手法。在线条与块面的融合呼应下，两者形成统一协调的关系。运用该表现手法要注意虚实结合，如在表现面积较大的明暗色调时，既要考虑轮廓线条的粗细，又要考虑画面要素的主次关系。注意处理光线引起的表现对象的明暗变化，要尽可能地减弱该部分的变化，突出对象本身的组织关系及结构。

图1-9　柏林点线面

图1-10　西北民族大学印记

如图 1-9、1-10 两幅作品所示，在线条造型基础上，运用明暗表现，突出建筑物的形体结构和块面关系。

1.3.3 明暗表现

明暗表现主要是运用细腻的明暗关系变化来烘托建筑物，适合表现在光线照射下建筑主体的形体结构的微妙变化。这种丰富的色调层次变化可以呈现微妙的空间关系，具有生动的视觉感染力。明暗速写强调黑白对比关系，前实后虚，忌讳灰暗不鲜明的对比。同时讲究呼应、均衡、韵律关系，黑白交错，疏密相间，起伏节奏，忌讳偏坠一方。目前常用的表现明暗的技法包括用密集的线条排列、用涂擦块面表现，用密集的线条和块面相结合。如图1-11 所示，著者采用该方法来表现建筑物全貌，注重色调对比变化，有虚有实，根据建筑结构要点施加明暗，效果生动而鲜明。

图 1-11 魏玛教堂

1.3.4 综合表现

综合表现是指利用数字平台上的绘画软件功能，结合多种形式的数字绘画笔触，如钢笔、铅笔、水彩笔、油画笔、马克笔、重彩油画棒、炭笔等以及各类虚拟纸张，打破场地、速写作画工具的实际限制，为创作者进行速写艺术与设计创作提供了材料的多样性选择，抹平了各种类型绘画工具的鸿沟，完成创作意图的主动构建和审美关照，使创作者主动创造的冲动和欲望得以表达。这是传统建筑速写无法在短暂的作画时间内得到的美感体验，如图 1-12 所示。

图 1-12　金城黄河清

1.4　数字建筑速写的载体形态

数字技术为艺术创作打开了一扇新的闸门，也为建筑速写艺术表现打开了广阔驰骋的全新空间。传统速写是采用钢笔、美工笔、马克笔、针管笔、铅笔、油画棒、毡尖笔、荧光笔等实体工具在各类纸张上从事纯手工的创作工作，而数字建筑速写借助数字软件、绘画板、触摸屏等形成了一整套全新的虚拟绘画工具，真正区别于传统意义上的速写本、纸张和各类画笔。其背后的思维逻辑以及运转过程都是亿万级的数字运算的产物。通过各类数字压感笔，在数字屏幕上实现无纸化的笔触模拟速写绘画，一方面超越了模拟世界的绘画直接性，是一种以数字运算转换人类行为的新介质；另一方面，这种绘画方式的新颖性也在不断地激发着人类的想象力和创造力。

新的数字化绘画工具自身也具有独特的工作方式与审美标准。在这些新的虚拟的现实中，线条、造型、色彩、光源、阴影等传统的速写要素在数字化的画布上被重新定义，数字速写工具也越来越多地被非专业的广大艺术爱好者所掌握，从而扩大了数字速写艺术的创作群体，使这个"读图"时代的图像更加丰富。

下面介绍几种著者常用的数字建筑速写软硬件平台，供大家参考。

1.4.1　Apple iPad + Apple Pencil 数字平台

目前适配 Apple iPad 的绘画软件很多，如 Art Set、Procreate、Artstudio Pro、SketchBook、MediBang Paint、Noteshelf 等。这类针对绘画爱好者定制的 App 软件，充分利用了 Apple iPad 和 Apple Pencil 的功能特性，提供了更加多元化的绘画选择。iPad Pro 系列屏幕超高的刷新率和持久的电池续航，也使速写创作过程的交互体验更加顺滑。

Apple iPad 与 Apple Pencil 这两者的搭配组合，最大的优势在于携带方便，待电量充足，软件丰富，对于书写笔记和速写绘画非常友好，适于大多数速写场景的写生创作，如图 1-13、1-14 所示。

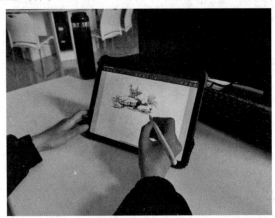

图 1-13　Apple iPad

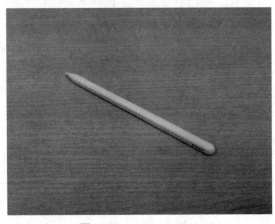

图 1-14　Apple Pencil

Apple Pencil 是专门适配于 Apple iPad 平板电脑的电子笔，而 Apple iPad 能够精确反映 Apple Pencil 的运动轨迹和力度，Apple Pencil 具有像素级别的精准度，并支持防手掌误触。在 Apple iPad 屏幕上使用 Apple Pencil 进行速写的过程中，根据力度的轻重不同，笔尖划出的轨迹会产生不同级别的压力感应值，随着压力的增大或减小，笔触粗细也会产生相应的变化。另外，灵敏的倾斜角度也会产生倾斜笔锋，以灵活调节左右笔触深浅。

1.4.2　Surface pro + Surface pen 数字平台

基于 Windows 系统的平板电脑等智能硬件设备也在不断更新，并适配相应的绘画软件。目前微软的 Surface pro 基于高分辨率和 DCI-P3 色域的加持，也为数字绘画提供了一个很好的显示基础。Surface pen 触控笔通过迭代优化，已经接近于真实书写体验，并且适配 Photoshop、Illustrator、Painter、Zbrush 在内的多种绘画软件，而且拥有更细腻灵敏的压感级别和重点优化的橡皮擦技能。

Surface pro 是基于 Windows 系统的一体式电脑便携产品。在 Surface pen 手写笔和铰链支架的加持下，使 Surface 电脑在充当生产力工具的同时，也可以作为数字速写创作的有效工具，如图 1-15 所示。

Surface pen 笔身尾端的橡皮擦真实可用，速写创作过程中直接倒置 Surface Pen 进行笔迹擦除，同时橡皮部分能够直接按下，触发更多自定功能，尤其适合表现线条类建筑速写的创作工作，如图 1-16 所示。

图 1-15 Surface pro

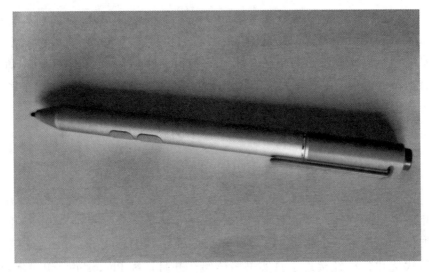

图 1-16　Surface pen

1.4.3　桌面 PC + Wacom 数位屏数字平台

桌面 PC+Wacom 数位屏平台的组合采用 Wacom 技术在机内集成的数位板搭，搭配移动端的绘图软件进行较大场景的建筑速写临摹训练，如图 1-17、1-18 所示。

图 1-17　桌面 PC+Wacom 数位屏平台

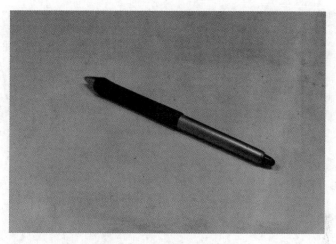

图 1-18　Wacom 数位屏数位笔

　　这种依托于桌面端操作系统的硬件，使 Wacom 数位屏拥有十八至二十四寸的数字触控屏幕。创作者使用业界公认顶级压感触摸手写笔，在屏幕上进行速写创作时，笔触所至之处，即可实现无延迟的所见即所得，交互的便利性和直观度都是极其优秀的。数位板和数位笔借助压感元件来感知笔触的力度和角度，和绘画软件结合到一起，既兼顾了手绘的手感体验，又充分利用了数字软件的优势。唯一的缺陷就是便携性较差。

1.4.4　笔记本电脑 + 数位板数字平台

　　数位板绘又称作数码绘，是利用数字压感笔，连接数位板与笔记本电脑，运用相应的绘画软件进行数字艺术作品创作，如图 1-19、1-20 所示。

图 1-19　移动 PC+ 数位屏平台

图 1-20　数字压感笔

数位板主要面向的用户包括美术、设计相关专业的师生以及各类影视、动画公司的手绘专业人员。按照压力感应、坐标精度、读取速率、分辨率等数据要求，可以将数位板的型号分为若干级别。数位板作为一种硬件输入工具，支持 Adobe Photoshop、Easy Paint Tool SAI、CLIP STUDIO PAINT、Krita 等软件，数位板的撤回功能和抖动修正是其最大的优势。

1.5　数字建筑速写的数据纸本

绘画软件作为人与虚拟空间之间互动的介体，其自身即是计算机语言的一种转换，这一转换的原则是依据人的认知逻辑来进行的。目前诸多的绘画软件都为视觉呈现了另一种新的"真实"。所以，绘画软件的界面排布是否清晰合理、按钮设计是否明确易懂、交互逻辑是否符合速写创作者的使用习惯、绘画的画笔基础功能是否完备、辅助功能是否丰富、工具交互方式是否快捷、创建新笔刷的程度是否开放等，都是评价一款绘画软件是否符合建筑速写创作需求、是否优秀的重要标准。

1.5.1 Art Set 肌理再现

图 1-21　Art Set 图标

Art Set 是目前炙手可热的一款绘画应用程序，具有各类独特的艺术创作笔刷工具，实现了从现实世界的艺术媒介到纯数字风格的艺术作品创作的转变，如图 1-21 所示。

Art Set 4 是基于 iOS 平台的绘画软件，可以高度自定义画布尺寸、图层层数、纸面纹理效果。整体界面干净、整洁且易于操作。软件界面左侧分布快捷工具栏和笔刷按钮。用户完全可以根据自己的使用习惯，将工具栏位置、按钮排布、笔刷按钮通过拖动重新设置位置，非常实用。该绘画软件有一个被称为 Slow Draw 的防抖功能，能够实现拖拽式防抖绘制效果，这一功能对速写初学者十分友好。另外，Art Set 软件设置有一个干燥（Dry）按钮，可以让画布上的各种颜料被烘干，确保作画步骤不再受到影响。该软件拥有基础的后期调色功能，能够胜任相对简单的后期工作。

著者认为，Art Set 笔刷里的水彩、油画笔刷是该软件的最大亮点，做到了诸多数字绘画软件难以模仿的独特拟真效果。Art Set 的油画笔刷效果有非常真实的固体颜料立体感，还原了当多种颜色接邻时，颜色会随笔刷的涂抹而混合的机制。水彩笔刷的表现也极为出色，能够根据笔尖的压力值真实反映色彩晕染状态，如图 1-22 所示。

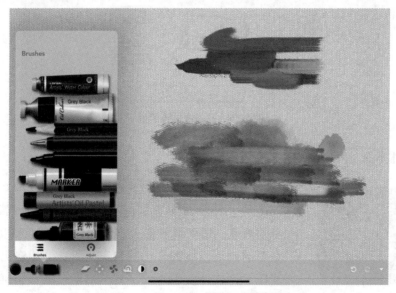

图 1-22　Art Set 界面及笔刷效果

1.5.2 Noteshelf 笔笔起意

图 1-23 Noteshelf 图标

Noteshelf 是由 Fluid Touch Pte. Ltd. 开发的一款移动端笔记软件，在 iOS 上和 Android 上均可运行，支持 Apple Pencil 和其他手写笔，该软件非常适合从事各类速写的创作，如图 1-23 所示。

该软件提供了一系列经典的书写工具，包括钢笔、铅笔、荧光笔、铅笔四种，并且提供了多种颜色，也可自定义颜色，同时能够修改画笔大小。通过捏合缩放屏幕可以进行近距离的细致书写或绘画，满足了各类速写创作的需求。著者认为 Noteshelf 的钢笔模式是诸多绘画 App 中渲染钢笔效果最真实的，连笔骨都能表现出来。这种无与伦比的书写感觉，符合真实纸笔速写体验，如图 1-24 所示。

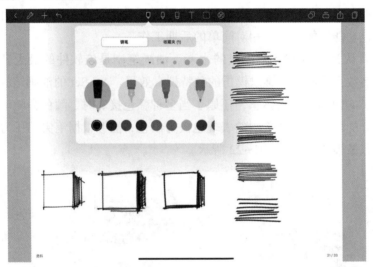

图 1-24 Noteshelf 界面

1.5.3 Procreate 面面俱到

图 1-25 Procreate 图标

Procreate 绘画软件具有极高的画布分辨率，可创建高达 16k×4k 像素的超高清画布。上百种简单易用的画笔，每个画笔有 35 个自定义设置，可以将创作者的画笔组织到自己的自定义组，形成自己的画笔库。该软件实现了图层划分功能，能够精确控制单个元素，通过将图层合并到组中来保持条理。另外，面面俱到的颜色生成模块，可以确保更高的颜色准确度，支持 P3 广色域，还可以输入 RGB 或 hex 值，以获得准确的颜色匹配填充原创的速写作品，如图 1-26 所示。

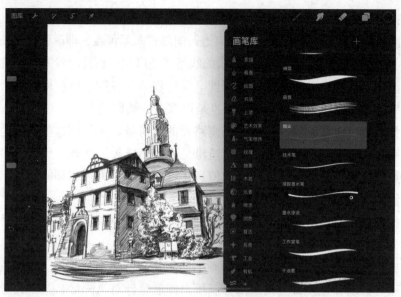

图 1-26　Procreate 画笔库

Procreate 画笔工作室是调节画笔各项参数的主模块。在从事建筑速写时，主要调节的画笔参数有描边路径、锥度、形状和渲染四项，如图 1-27 所示。

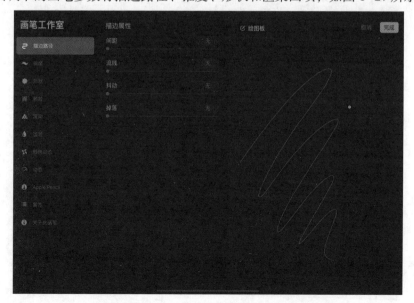

图 1-27　procreate 画笔工作室—描边路径

描边路径是指将一个作为形状的图片素材跟随画笔绘制的路径进行图章式的覆盖，每隔一段距离就会盖上一个形状，连贯起来的效果就形成一条画笔笔画。

描边属性设置中包括间距、流线、抖动和掉落四项。

间距：决定绘制的形状按照距离进行间隔式图章覆盖，即疏密度。该选项决定了创作者最终画出的线条是平滑的线条还是形同打点计时器的点状线。

流线：决定自动平滑路径的程度。设置较高的参数，可获得类似于防抖的效果，对建筑速写勾线类画笔而言是很重要的辅助选项。

抖动：决定了形状在生成时偏离路径的随机量。关闭该选项，画笔边缘呈现平滑状态。调高参数时，笔刷边缘呈现粗糙样貌。此外，点击此参数右侧的数值按钮不仅可以手动输入数值，还可以启用压力控制和倾斜控制，即此数值能够跟随 Apple Pencil 的压感数据产生动态变化。

掉落：开启该选项后，描边在起笔部分会保持原本的透明度，之后笔画部分会逐渐衰减至完全不可见。

锥度主要是用于模拟真实绘画画笔的起笔和落笔锥形效果。该调整主要分为压力锥度和触摸锥度两个部分。压力锥度是针对 Apple Pencil 设置的根据压力调整描边尖端锥度效果，而触摸锥度是针对使用手指触摸屏幕绘画时模拟的描边尖端锥度效果。建筑速写中采用的压力锥度，触摸锥度不再过多赘述，如图 1-28 所示。

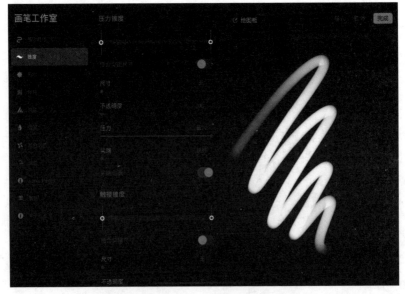

图 1-28　Procreate 画笔工作室—锥度

压力锥度包括压力锥度滑块、尺寸、不透明度、压力、尖端、尖端动画调节选项。

压力锥度滑块：直观表现出受 Apple Pencil 的压感影响下，描边起始端和末尾端的锥度范围。

尺寸：决定锥度从厚到薄的粗细过渡的变化程度。

不透明度：决定锥度从厚到薄过程中的透明度变化程度。

压力：决定锥度受 Apple Pencil 压感的影响大小程度。

尖端：参数较低时，锥度尖端会呈现更细的状态。调大该参数时则反之。

尖端动画：决定了描边锥度的渲染效果。开启开关后，描边进行过程中会进行锥度表现的实时渲染。

形状是将构成画笔的形状进行有序调整。通过改变形状的素材源，可以彻底改变画笔的形态、边缘及纹理效果。

形状行为中，经常使用的调节参数包括散布、旋转、个数、个数抖动，如图 1-29 所示。

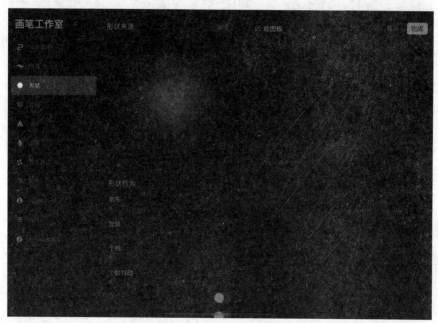

图 1-29　Procreate 画笔工作室—形状

散布：决定每个形状随机旋转的程度。调高该参数后，每个形状都会呈现随机旋转的状态。

旋转：该参数决定每个形状相对于描边方向的旋转程度。向右调高该参数后，形状会随着描边的旋转方向旋转；向左调高该参数后，形状会随着描边的旋转方向的反方向旋转。

个数：决定每个盖章位点叠加的形状个数。可以理解为在每个盖章的位置同时扣下多个形状进行叠加。

个数抖动：决定个数的随机量。在设置了个数的前提下，调整此值可以让每个盖章位点应用的个数参数随机化。

渲染是指通过调整渲染模式，改变画笔在画布上的显示效果，呈现出真实的画笔和颜料效果。比如，浅釉就是模拟用稀释的颜料绘画的效果，如图1-30所示。

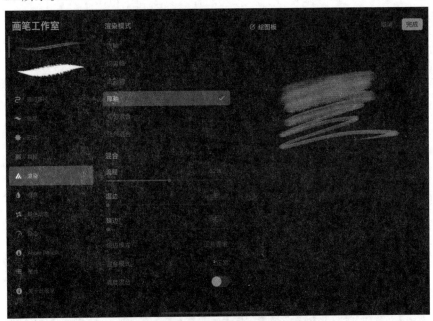

图1-30　Procreate 画笔工作室—渲染

渲染模式中常用的工具主要有浅釉、均匀釉、浓彩釉、厚釉、均匀混合、强烈混合及混合。

浅釉：浅釉就是模拟用稀释的颜料绘画的效果。

均匀釉：类似于 Photoshop 中使用的渲染模式。

浓彩釉：此模式会将色彩厚重地投在屏幕上。

厚釉：一种极强的混合模式。

均匀混合：使用类似于 Photoshop 的渲染模式，并且会放大湿混效果。

强烈混合：最为厚重的渲染模式，可以用于需要混色的湿画笔，会放大湿混效果。

流程：调整画笔在画布上使用多浓重的颜色和材质。

湿边：决定描边边缘的柔化和模糊的程度，用于模仿的颜料渗入纸张的效果。

烧边：决定了描边边缘的混合模式的可见程度。

1.5.4 Photoshop 精细雕琢

Photoshop 软件作为主流的图像处理软件，也提供了快捷绘画和编辑颜色的工具。Photoshop 的绘画功能能够轻松应对速写、油画、素描、水彩等传统艺术样式，还可以通过风格化滤镜模拟各种绘画风格，如图 1-31 所示。

图 1-31　PS 软件图标

Photoshop 画笔工具可以使用画笔描边来应用颜色，并且可以从预设画笔笔尖中选取笔尖。该软件提供多个用于绘制和编辑图像颜色的笔刷工具。软件自带的橡皮擦工具、模糊工具和涂抹工具等都可修改图像中的线条及颜色，十分便捷。

2

重塑构图边界

2.1　数字建筑速写的空间语言

透视作为必修的速写技法理论知识，是学好数字建筑速写技法不可或缺的重要内容。在进行数字建筑表现过程中，由于肉眼所观察到的建筑主体及周边配景的角度各不相同，从而产生出差异化的透视角度与透视关系，如主次、远近、宽窄、疏密、虚实等。因此，准确而熟练地掌握透视原理及规律，科学理性地研究透视变化，才能真实反映出现实或想象的建筑环境空间效果，完整地体现出数字速写的主题思想和画面的视觉立体感、空间感、生动感。

在数字建筑速写过程中，如何快速而准确地描绘出建筑物主体的透视轮廓线是至关重要的环节，透视角度的恰当选择对整个画面的构图具有决定性的意义。根据所表现的建筑物及环境的不同，我们往往会采用恰当的透视方法。目前主要运用的透视方法有一点透视、两点透视、三点透视和散点透视。下边将根据这四种透视方法结合相关案例分别进行阐述。如图2-1所示，著者采用一点透视绘制的兰州青城古镇民居数字建筑速写作品，突出了古建民居巷道的纵深感。

图 2-1 青城民居

2.1.1 一点成形

一点透视是数字建筑速写中最常见的透视表现方法。当建筑形体的一个主要面平行于视平线，而其他面垂直于画面，并且斜线消失在一个消失点上对形成的透视关系称为一点透视。如图 2-2 所示，构成立方体的三组平行线，原来垂直或水平的依然保持垂直或水平，只有与画面垂直的那一组平行线的透视相交于一点。这组平行线可以位于视平线的下方、上方或中心位置，遵循近大远小、近实远虚、近高远低的原理进行透视变化。一点透视往往能够反映出建筑物或场景的纵深感和建筑细节的表现，画面稳定。缺点在于画面有时由于对称显得呆板、不够生动。

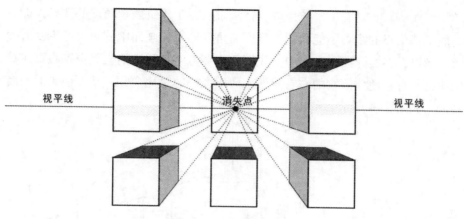

图 2-2 一点透视示意图

图 2-3 为一点透视案例，建筑主体为西北民族大学博物馆，著者根据描绘主体明确透视空间，在画面适当位置确定视平线高度，确定消失点在画面的具体位置，依据透视关系线画出建筑物，表现了该建筑的庄严和稳重感。

图 2-3 西北民族大学博物馆

2.1.2 二点成景

两点透视也称成角透视，适合表现较矮的单体建筑和群落建筑，也是建筑速写中使用频率较高的透视方法。两点透视有两个消失点，左边线消失于视平线左边的灭点，右边线消失于视平线右边的灭点，竖直于地面的平行线保持垂直状态。两点透视能够充分体现建筑物的立体关系，画面呈现的视觉效果清丽流转、富有生气。该透视技法难点在于建筑表现角度的选择，即左右两个消失点的距离不能太近，过近的角度容易使画面中的建筑产生变形效果。所以，在实际绘画过程中，我们往往会考虑将两个消失点设置距离建筑物一远一近，使建筑物的左右面产生面积大小的对比变化，从而使画面角度高远，如图2-4所示。

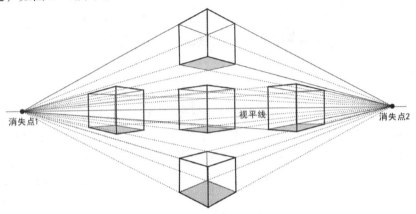

图2-4 两点透视示意图

如图2-5所示，该作品为两点透视案例，该数字速写主题为西北师范大学旧文科楼遗址，该楼始建于1954年，屹立60余年，于2016年拆除并建设为遗址绿地广场，也是百年师大重要的文化积淀和精神图腾。著者通过两点透视的运用，清晰地表现该建筑遗址的立面关系，体现出其饱经风霜的厚重历史感。

图2-5 六十浮沉留风骨

如图 2-6 所示，该作品运用两点透视原理，清晰地表现出该建筑在光线照射下的立面结构特征。

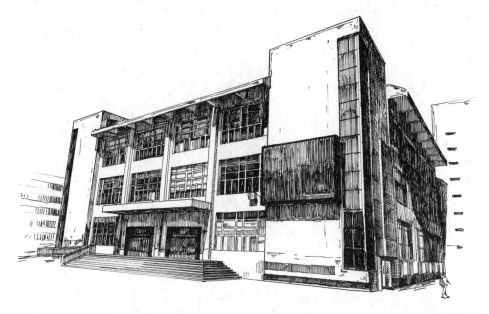

图 2-6 西北民族大学食堂

2.1.3 三点场域

三点透视是在两点透视的基础上，将所有垂直于竖线的延长线汇聚在一起，从而形成第三个消失点，所以三点透视一共有三个消失点。当第三个消失点在上方的时候，构成仰视角度，当第三个消失点在下方的时候，构成俯视角度，建筑物越高，倾斜角度越大，透视效果也越明显。我们将这种透视视角形成的画面称作俯视图或仰视图。

三点透视经常用于表现超高层建筑的仰视效果或是密集建筑场景的鸟瞰效果，突破了常规的视觉表现范式，形成了独特的空间张力，如图 2-7、2-8 所示。

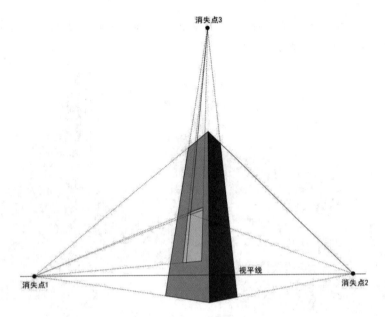

图 2-7 三点透视示意图 1

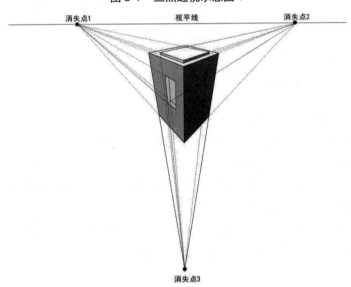

图 2-8 三点透视示意图 2

如图 2-9 所示，该数字建筑速写选择兰州市兰州中心商业群楼作为主题，该商业群楼平均高度 229 米，采用上倾角透视，原垂直线变为近低远高线，消失于天点，原成角线变为近高远低线，分别消失于左右两个消失点。著者通过三点透视的运用，充分表现出该现代商业建筑群楼拔地凌空、高耸入云的气势。

图 2-9 兰州中心

2.1.4 散点视角

　　散点透视与西方透视学理论所体现的焦点透视完全不同，它作为我国传统山水画常用的一种方法，在数字建筑速写中也经常使用。散点透视的视角是非固定且随意移动的，因而会产生多个消失点。所以，散点透视非常适合表现大场景中的各个单元建筑。如图 2-10 所示，速写场景是兰州著名的旅游景点白塔山景区。由于该景区内错落分布有多个古建筑群，也就形成了诸多分散的视点，每个视角又在局部构成透视关系，形成了自身所独有的审美体系。

图 2-10　7月兰州白塔山景区

2.2　数字建筑速写的叙事景别

众所周知，一座建筑物从不同的角度去构图，会产生差异化的视觉效果。我们在进行数字建筑速写创作前，首先要考虑好选用何种透视方法。其次，需要根据绘画主题来选择合适的景别。景别是指被描绘的建筑对象通过视距的远近在画面中呈现出来的大小与范围，不同的景别能够烘托出不同的画面气氛。数字建筑速写常用的主要景别类型有近景、中景、远景、特写。如图 2-11 所示，著者采用中景景别描绘的兰州碑林建筑，建筑处于视觉中心位置，清楚地交代出建筑与周围环境的关系，虚实有序，动静结合。

图 2-11　兰州碑林

2.2.1　中　景

　　中景是建筑速写中使用最多的一种景别类型。该景别重在表现主体建筑本身以及与周围环境的整体性关系，往往带有情节性。值得注意的是，创作者采用中景景别，应该尽量避免选取建筑物单个立面或两个立面的中心转折角作为建筑主景位置，需要多采用主立面三分之二的视角，根据主体建筑协调远景与近景之间的关系，做到主题明确，画面协调。如图 2-12 和 2-13 所示，均采用中景景别，该角度真实地展示出不同风格建筑的空间结构和层次关系。

图 2-12　仁寿安宁

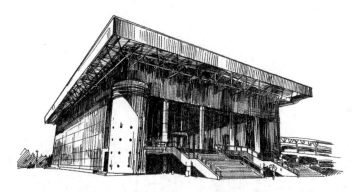

图 2-13　西北民族大学篮排馆

2.2.2　全　景

全景视角在数字建筑速写中，往往描绘的场面较为宏大深远，画面中一般没有明显的视觉中心，而是延深了画面的层次，更多的作用是渲染气氛、烘托场景，以景抒情表意，从而达到远取其神的视觉效果。如图 2-14 所示，该作品选用俯视的绘画视角，反映夏日黄河穿越金城兰州的壮阔场景，从超远距离描绘景物，视野宽广，引人入胜。

图 2-14　黄河之滨

2.2.3 远　景

远景主要用来表现距离较远的建筑全貌，描绘的场景空间范围较大，往往展示建筑及其周围广阔的空间环境，远景画面的处理一般重在"取势"，善于表现超高层建筑高耸入云的气势。如图 2-15 所示，著者运用远景视角，利用河道做引导线，将视觉中心引导至远处的超高层建筑上，避免了呆板无趣，使画面更有延伸感。

图 2-15　雁滩桥头

2.2.4 近　景

近景是指将建筑主体推向观者眼前的一种景别，能将建筑主体以更多的局部展现在画面中，善于表达建筑与周围环境的和谐关系，往往带有一种叙事性，画面形象也更加真实、生动和客观，如图 2-16 所示。

图 2-16　友谊街口

2.2.5　特　写

特写是指取景视角比近景更接近建筑主体的一种取景方式。建筑的细节描绘也是表现建筑特征的一个重要部分，能够清晰地呈现建筑对象局部的细节特征（图案、纹理、质感等）。该视角不仅可以表现建筑装饰构件的精美绝伦，还能够直接为古建文物的保护和研究工作提供精确、完整的资料。如图 2-17 所示，该作品生动地描绘出中国传统建筑砖雕的精致细腻。

图 2-17　建筑砖雕

2.3 数字建筑速写的图像秩序

速写作品的二维性决定了它的有限性和局部性，艺术家必须尽可能地在有限的画布上表现一个充分、无限、完整的世界。这就要求在画面上有所取舍，而取舍后的结果终究是画面的构图问题。速写首先要解决的问题就是构图，可以说，构图问题是与绘画同时产生的，数字建筑速写作为绘画的一种典型样本也是如此。建筑本身就是兼具感性和理性的复杂体，数字建筑速写就是将对建筑实体的感性认识，运用形式美的基本规律，结合数字绘画设备，深刻体会所要表现的建筑立面和形体美的过程。

这里所指的形式美的基本规律包括对比与统一、节奏与韵律、比例与尺度、稳定与均衡等。由此可见，构图与选景是完成一幅优秀的数字建筑速写的重要组成部分，一幅作品的成败在很大程度上取决于画面构图与选景的好坏。那么，如何合理安排构图？如何选择合适的建筑场景？如何反映作者的艺术感受？这都是构图与选景要解决的问题。如图 2-18 所示。

图 2-18　柏林街景

2.3.1 平行式构图

平行式构图是指画面所描绘的建筑物呈水平式排列，建筑主体元素与周边环境元素没有跳跃式的高低变化，视觉呈现横线延伸，常常带来一种安静、平和、稳定的感受，也是湖景建筑、草原建筑、戈壁建筑等经常采用的一种构图方式。如图2-19所示，通过这种构图方法，较好地处理了湖边建筑与环境的从属关系，使建筑达到主从分明、以次衬主、完整统一的效果。

图2-19　金城公园

如图2-20所示，村落建筑与配景树木相呼应，以水平线为主线所构成的画面营造了一种稳定和平静的气氛。

图2-20　白虎山下

2.3.2 放射式构图

放射式构图是指画面中的线条呈字母"X"分布，通过把人的视线从四周引向中心位置，或者将人的视线从中心位置引向四周。这种构图的特点是纵深感、运动感强烈，而且透视效果明显，能够很好地打破视觉上的沉闷。

如图 2-21 所示，著者在该场景通过放射性构图法生动地表现了意大利威尼斯水城河道斗折蛇行、峰回路转的地形特征。

图 2-21 水城威尼斯

如图 2-22 所示，著者采用视线从中心向四周散射的放射式构图，引导观者把视线放在要表达的建筑物上，强化建筑的空间深度，体现出意大利小城锡耶纳交叉多变的街巷特点。

图 2-22　锡耶纳街角

2.3.3　三角式构图

三角式构图不仅具有稳定性的特征，还善于打破视觉的平面化，会产生一种自然的视觉流动性，追求的是元素之间的关联感。需要强调的是，三角式构图并非要求绘制的建筑场景围闭成完整的三角形态，只要以一边为参照，两个相邻的边线元素有朝内聚合的倾向，就可以看作三角式构图。如图2-23 和 2-24 所示，著者均运用三角形构图形式，准确地描绘了建筑稳定的结构特征，提升了建筑的视觉维度，使画面中的建筑元素更具立体效果。

图 2-23 拉文纳之夏

图 2-24 白塔迎春

2.3.4　边角式构图

边角式构图法是指从画面的边、角部位出发构建画面，从而有效把握画面创作的切入点。边角构图法使画面显得更加灵活多变、妙趣横生。在进行数字速写创作时，根据自己的主题确定创作思路，选择合适的边角，既有利于画面表现，也不失画面的均衡性要求。如图 2-25 所示，该作品是著者在兰州仁寿山的写生作品，将建筑主体放置在右下角，保持画面的简洁洗练，远山树木采用概念化处理，有效地利用边角相互呼应，利用对角线保持平衡感，虚实对比强烈，通过较少的建筑来衬托意境而不是直接用建筑去"画"意境。

图 2-25　仁寿山下

2.3.5　九宫格式构图

九宫格构图有的也称井字构图，属于黄金分割式的一种形式。原理就是将画面平均分成九块，在中心块上四个角的点用任意一点的位置来安排主体位置。这几个点都是最佳的视觉焦点位置，也符合黄金分割定律。这种构图往往呈现出变化与动感。这四个视觉焦点也有不同的视觉感应，上方两个视觉焦点的力场就比下方的强，左边比右边的强。如图 2-26 所示，该作品使用了九宫格式构图，将桥梁建筑主体安排在了右上方的交叉点位置，其余的空间留给了前景的各种绿色植被和湿地，这样可以使主次分明，桥梁主体更容易识别。同时，较高的树木形成了一个向右的斜线，可以起到引导视线的作用，右上交叉点空间感更强。

图 2-26　银滩湿地

2.3.6　曲线式构图

曲线式构图属于引导线构图中的一种，由于引线的形状看起来类似字母"S"或字母"S"的一部分，因此也被称为"S"线构图。这种构图可以保证观者在图像上的视线停留时间，优美且富有活力和韵味。另外，观者的视线随着"S"形向纵深移动，能够有力地表现建筑场景的空间感。如图 2-27 所示，速写主题选自甘南拉卜楞寺建筑群落，著者通过曲线式构图的尝试，将观者带入"S"形视线路径，使其朝着对象进入该建筑场景，同时沿途穿过其他民居建筑元素，并可以引导观看者从底部、顶部或侧面进入场景，画面中的汽车充当了视觉路径转折点的作用，为静态画面增添了运动感和趣味性，也增强了该建筑群落的视觉深度。

图 2-27　甘南印记

3

视觉形态的构建

3.1 数字建筑速写的虚拟工具

3.1.1 数字画笔

数字建筑速写是基于计算机虚拟交互生成的艺术形式，其数字化的压感笔工具在绘画软件的支持下，借由施力上的强弱呈现近似于真实手绘的触感，完美保留及复刻了铅笔、钢笔、针管笔、彩铅、马克笔、针管笔、铅笔、圆珠笔、毡尖笔、荧光笔、水彩笔等多种传统绘画本体的笔触及视觉特征，如图 3-1、3-2 所示。

图 3-1　Art Set 软件中的常用画笔

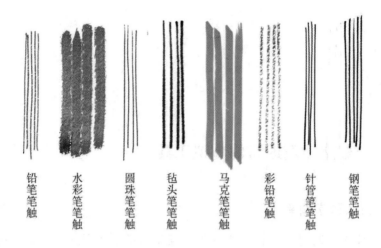

铅笔笔触　水彩笔笔触　圆珠笔笔触　毡头笔笔触　马克笔笔触　彩铅笔触　针管笔笔触　钢笔笔触

图 3-2　Art Set 软件中画笔笔触效果

（1）铅笔。根据用笔的角度和握笔的力度，选择不同硬度的铅笔能够画出自然流畅、有明显粗细浓淡变化的线条，在建筑速写起稿中经常使用，适合初学者使用。

（2）钢笔。钢笔是建筑速写中常用的一种画笔，一般分为普通钢笔和书法钢笔。普通钢笔绘制的线条刚直有力、清晰流畅、墨色均匀，可以精确地表现建筑的形体结构。多组有序排列的线条又可以表现建筑的空间层次和肌理效果。书法钢笔的笔尖向上弯曲，画出的线条富有节奏变化，笔调清劲，恰当地使用可以使画面充满趣味性。

（3）针管笔。在绘画软件中，可以根据不同的速写要求调整该笔的笔尖型号，绘制的成组排列线条沉稳统一，适合于表现建筑强烈的明暗对比关系。

（4）彩铅。该类画笔的笔触具有磨砂质感，常常用来快速绘制建筑立面图，也可与马克笔配合使用，完善画面色彩关系。

（5）马克笔。马克笔是主要的上色绘笔。马克笔有两种笔头模式，分为圆形和方形。马克笔书写流畅、色彩艳丽、透明度好，可以无限叠加使用，在园林建筑速写的表现过程中，常用于描绘建筑及配景的轮廓、高光、阴影部分。

（6）毡头笔。该笔属于墨水笔的一种，画出的线条粗犷简单，且带有溶解性，不同笔号的混合可以形成晕染效果，视觉效果近似于淡彩效果。

（7）圆珠笔。该类画笔书写润滑流畅，线条均匀，书写路径距离长，是建筑线性表现类型的主要工具。

（8）水彩笔。水彩笔主要分为大面积铺色的刷色笔、晕染上色用的圆头毛笔和勾线用的细毛笔三种。该笔是建筑着色的一种主要工具，以流动、透明、水色交融等为主要特征，能够描绘建筑畅快、雅致、灵动的色彩效果。

3.1.2 数字画纸

数字画纸也称数码画纸，依托数字屏幕仿真模拟真实纸张质地纹理，在各类绘画软件中，提供了丰富多样的纸张类型。常用的纸张有素描纸、复印纸、绘图纸、铜版纸、水彩纸、宣纸、牛皮纸等。创作者应当根据自己的速写习惯选择合适的纸张类型，如图 3-3 所示。

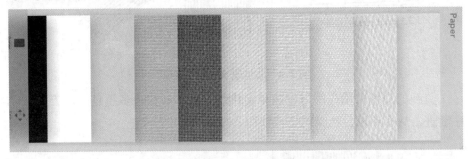

图 3-3　Art Set 软件中的纸张类型

（1）素描纸。纸面有浅纹肌理，适合表现线条的顿挫感和粗细的变化。

（2）复印纸。常用的办公书写用纸，纸面光滑，适合画清晰流畅的线条表现建筑体面关系。

（3）水彩纸。纸张磅数较厚，纸面的纤维也较多，纹理粗糙。水彩笔和勾线类笔可在其上进行巧妙配合，采用泼洒、点染、浸润的技法为建筑速写后期着色，可表现建筑的灵动之美。

（4）铜版纸。纸面光滑，适合马克笔使用，且笔触不会受到覆色的影响。

3.2　数字建筑速写的线条艺术

线条作为建筑速写最基本的造型要素，主要分为直线、曲线、自由线等。线条不但具有表现场景建筑主体轮廓的作用，而且线条疏密变化、粗细搭配的组合变化具有无限的创造力，可以明确地表达建筑的体积、空间、层次、质感等特征。训练熟练绘制各种线条，做到收放自如，才能控制好线条的情绪。

3.2.1 直线艺术

直线是建筑速写中运用最多的线条，主要分为硬直线和软直线两种。硬直线讲究起笔、回笔、收笔基本处在一条直线上。起笔和回笔要果断，收笔要稳健。软直线则讲究用笔的快慢、方向、轻重，体现线条的灵活性，如图3-4所示。

图3-4 单组硬直线和软直线

直线的训练采用先练习慢速单组排线、再练习快速多组排线的方法，循序渐进，从密到疏，从暗到亮，如图3-5所示。

图3-5 直线的疏密排列

在建筑及配景明暗关系的处理过程中，交叉直线的密度与交叉次数的数量可以起到丰富暗部层次的作用，应尽量避免采用十字交叉的方式排线，容易使暗部变化呆板，如图3-6所示。

图3-6 直线的交叉排列

短直线稳重舒缓，往往起到强调建筑局部细节、明确层次关系的作用。经常用来刻画地面砖纹及建筑墙面装饰、雕饰暗部细节，如图3-7所示。

图 3-7 短直线的排列组合

3.2.2 曲线艺术

曲线用于表现具有曲面轮廓的物体,曲线的弧度较大,平滑柔和,在描绘远山近水时也具有优势,较复杂的曲线还可以采用断点连接的方式,如图 3-8、3-9 所示。

图 3-8 曲线的排列组合 1

图 3-9 曲线的排列组合 2

3.2.3 自由线艺术

自由线用笔随意、洒脱,不受方向的约束,经常用来表现植物树冠的暗部、建筑及石头暗部,如图 3-10 所示。

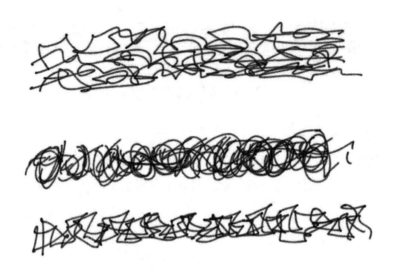

图 3-10　自由线的组合

3.2.4　线条的组合艺术

根据线条不同的粗细、长短、疏密特点，进行多样化的秩序组合练习是必要的，这种练习可以有针对性地表现出物体的纹理、图案、明暗、肌理等，从而反映出建筑及配景的体量感和空间感，如图 3-11 所示。

图 3-11　线条的秩序组合训练

3.3 数字建筑速写的配景表现

配景作为数字建筑速写的重要视觉要素，主要包括各类植物、景观小品、人物和交通工具等。这些配景作为建筑主体的陪衬部分，通过各种组合关系构成画面的环境要素。配景的表现可以使观者看出建筑所处环境的地貌特征，从而更加突出建筑本体的独特气质。

针对配景进行分类训练是十分必要的。任何绘画技法的熟练掌握都离不开完善的单元系统训练与长期积累。大量丰富、多样的形式技巧训练也能使创作者从容应对各类表现风格的数字速写场景。

3.3.1 植物的数字化表现技巧

植物是数字建筑速写中最基本、最常见的配景，植物样貌千姿百态、形态各异，不仅反映了人工建筑与自然环境的内在关联，还起到了软化硬质建筑景观、点缀建筑主体的作用，同时可以弥补相关构图中存在的问题，平衡视觉场域。

速写场景中绘制适当的植物造型，需要创作者前期仔细观察分析植物的形象特征，总结各类植物的生长规律，通过长期的临摹与写生训练，选择适当的表现手段进行创作。掌握树木的明暗变化是成功描绘树木样貌的基础。首先，将形态复杂的树木概括为简单的单个几何体或多个几何体，如球体、圆锥、圆柱体、梯形等。其次，依据树木的种类和几何结构特征，采用不同的笔法描绘树木的黑白灰三个层次，形成体面的立体相貌基础。最后，根据画面和用途需求决定是否进行树木的着色处理。要注意树木属于建筑配景，暗部变化不宜过多，避免喧宾夺主。如图 3-12 所示。

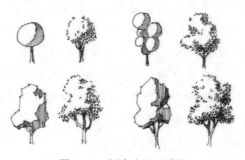

图 3-12 树木立面示意图

　　树木作为建筑主体的立体配景，还应当注意树木的前景、中景、远景三个空间层级的丰富变化。遵循远景树木概括化、中景树木体面化、近景树木精致化的原则，对树形轮廓、枝叶、纹理进行分类处理。另外在中、近景中，应注意树干、树枝、树叶三者的疏密关系。如图3-13所示，在不同的光线照射下，通过明暗调子来体现空间层次的变化，做到前景的树木笔触深而实，中景的树木笔触轻而淡，远景的树木笔触虚而细。

图 3-13　树木层次图

3.3.2　树木的数字化表现技巧

　　数字建筑速写中经常描绘的植物主要分为乔木、灌木、花卉三种。乔木的形体灵活多变，在保持大树冠整体性的基础上，将大树冠切分为若干小团块，每个小团块单元的边界处理应当灵活松动。树干按照树木种类及所处的景别位置确定主干和分支部分是否被清晰描绘。灌木、花卉及水生植物按照不同的生长规律，归纳组团成块表现。数字建筑速写中植物的表现往往具有符号性特质，即强调神形兼备，在合理运用概括、夸张、取舍等手段的基础上，使植物的形态样貌、体面结构不失真实性。

　　乔木是数字建筑速写表现中最常见的树木类型，主要有枫树、银杏、棕桐、香樟、柏树、榕树等树种。乔木枝干形体明确且树干高大，枝叶繁茂，大多数能形成较宽大的树冠。

案例1：无患子树是一种常在寺庙、古建筑庭园等场所栽培的常见落叶乔木，该树木叶片为偶数羽状复叶，高度可达20余米，树皮以灰褐色或黑褐色为主。在该案例中，著者采用Apple iPad（平台）+Apple Pencil（数字笔）+Noteshelf（软件）的组合方案完成无患子树的数字速写讲解。由于该树木的叶片特征呈现锯齿线形态，选用该软件的针管笔工具完成树木整体轮廓以及树干、树冠体面的深入刻画，做到用笔肯定、大胆、快速，掌握合理的用笔力度，体现其树木结构特征，如图3-14所示。

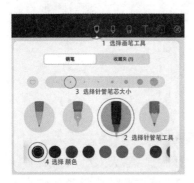  

图3-14　无患子树速写示意图1

继续选择Noteshelf软件中的荧光笔工具，设置颜色和笔头大小，对树干和树冠进行上色处理。通过不断调节笔头号数和色彩明度、色相表现树木黑、白、灰三个层次的体面变化，如图3-15所示。

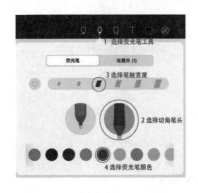  

图3-15　无患子树速写示意图2

案例2：香樟树属于常绿大乔木，高度可达30米，直径可达3米，树冠成广卵形状，树冠广展，该树种是优质的行道树及庭荫树。在该案例中，著者采用 Apple iPad（平台）+Apple Pencil（数字笔）+Art Set（软件）的组合方案完成香樟树的数字速写。由于该树木的叶片特征呈现曲线形态，选用该软件的毡尖笔工具，将笔尖号数改为 30 以内，观察笔尖粗细程度是否符合要求，完成树木整体轮廓。修改毡尖笔笔尖的压力值，控制线条的虚实变化和疏密关系，对树冠明暗面进行细化处理，体现线条的节奏感，如图 3-16 所示。

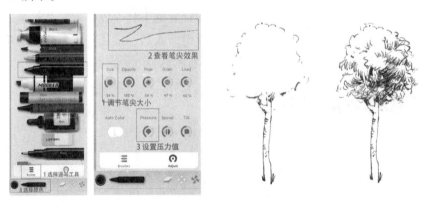

图 3-16　无患子树速写示意图 3

选择 Art Set 软件中的马克笔工具，设置颜色、笔头大小以及透明度的数值，对树干和树冠进行快速上色处理。通过不断调节笔头号数和色彩饱和度表现树木立面结构，将画纸不断吹干并调整树冠的冷暖关系，如图 3-17 所示。

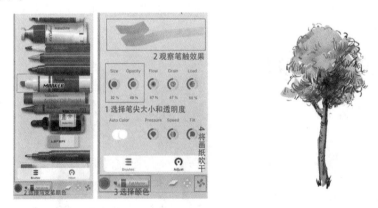

图 3-17　无患子树速写示意图 4

特别强调一点，乔木树干的主干和枝干之间要保持比例协调，注意观察树枝的穿插规律，高低错落，间隙做到疏密结合。主干粗壮，枝干相对细小，主干整体的线条变化是一个自下而上逐步变细的渐变过程。另外，树干和树冠也需要保持恰当的比例关系，形成树木整体的视觉平衡，如图3-18所示。

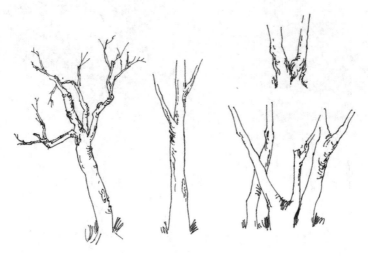

图3-18 乔木各种枝干的表现

3.3.3 树木的数字化实验作品

由于纬度、气候、地理等条件的巨大差异，乔木千姿百态，具有独特的地域性特征。北方及中部地区多以落叶乔木和松柏等常绿乔木为主，南方沿海地区则多以棕榈、椰树为主。因此，不同的树木造型，速写笔法的运用也不尽相同。以下是著者绘制的部分常见乔木速写案例，供大家学习参考，如图3-19、3-20、3-21、3-22、3-23、3-24、3-25所示。

图3-19 雪松、黑松

图 3-20 红翅槭

图 3-21 鸡爪槭

图 3-22 木 荷

图 3-23 榕 树

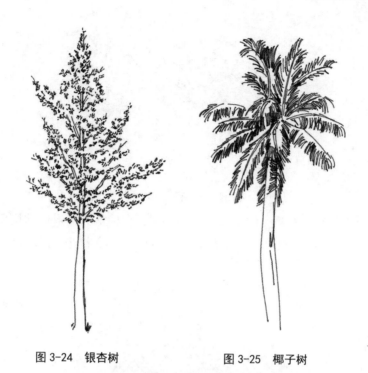

图 3-24 银杏树　　　　　　图 3-25 椰子树

3.3.4 灌木及草丛的数字化表现技巧

灌木主要是对诸多低矮的植物的统称，大多数姿态丰富自然，也是配景植物中重要的组成部分。画法上和前面讲到的乔木类似，大部分场景需要根据不同景别来概括处理线面关系，利用线条之间的疏密变化，区分群组植物的层次关系，完整表达整体形态。灌木丛暗部通过短线成组排列，形成连续不断的暗部层次，通过明暗衬托体面关系，如图 3-26、3-27、3-28 所示。

图 3-26 灌木画法 1

图 3-27 灌木画法 2

图 3-28　灌木画法 3

　　近景的灌木则需要抓住灌木叶片的特征，在确保大的形体结构概念化的前提下，适当对少许枝叶进行刻画勾勒，表现灌木的生机勃勃，如图 3-29。

图 3-29　灌木画法 4

　　草丛的画法往往讲求线条的远近疏密和过渡变化，同时注意周围环境的留白处理，如图 3-30 所示。

图 3-30　草丛的画法

3.3.5 石头的数字化表现技巧

石头是数字建筑速写中常见的一类配景，其形态多种多样，主要有太湖石、房山石、英石、黄石、河卵石、黄蜡石、千层石、龟纹石等。在具体表现过程中，需要根据石头的具体形态和体面特征进行刻画。

形态较方正的石头，立面的边界转角清晰简洁，形体较规整，添加少量的阴影，就能够很好地表现出立体感和质感，如图 3-31 所示。

形态较规整的组合方石的刻画，要抓住明暗转折界限，暗部用排线方式处理，尤其是石头之间的衔接处排线要密、颜色更深，这样便于表现出体量感，如图 3-32 所示。

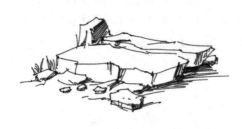 

图 3-31　方石画法 1　　　　　　　　图 3-32　方石画法 2

形态奇特且高低错落的组合石块，在明暗边界转角处，线条具有不规则性，线条排布疏密结合，多呈斜线状。暗部线条叠加层级较多，明暗交界线处线条密集，随之线条逐渐稀疏，如图 3-33 所示。

图 3-33　不规则石头画法

低矮且形态呈半圆状的石头，体态饱满，多用于河岸边。这类石头质地较软，一般采用较弯的线条表现，明暗交界线多呈弧状顿挫表现，暗部线条排布较稀疏，如图 3-34、3-35 所示。

图 3-34 矮石画法 1   图 3-35 矮石画法 2

形态高大且错落无序的石头组合，大小相间，往往和水景、植物共同组成场景画面。这类石头往往质地较硬，应当采用具有转折性的较直的线条，随着结构来表现石头的立面、平面和侧面，自然会体现出石头的硬度。暗部线条叠加层次较多，在绘制时要注意线条的排列，灵活多变，如图 3-36 所示。

图 3-36 群石画法

此类组合石头的着色，按照石头前后位置关系以及周边景物的实际条件进行。着色工具使用绘画软件中的马克笔、荧光笔居多。着色应遵循"整体—局部—整体"的规律，首先，铺大色调。确定石头与周边水景、植被之间及石头与石头之间的空间、明暗、冷暖的大色调关系，自远而近地概括交代石头的形体结构。其次，通过亮部颜色的变化，拉开近景、中景的色彩对比关系、主次关系。最后，整体调整，通过削弱喧宾夺主的部分细节，充实并加强石头与环境的整体关系，如图 3-37 所示。

图 3-37 群石着色

　　山石是指主要以石头为主的山体，通过表现山体内在的结构把山体的三个面呈现出来，塑造体积感，避免把山石画成像纸一样毫无厚重感的平面物体，如图 3-38 所示。

图 3-38 山石速写步骤 1

山石表现同样要注意线条的运用，山石速写运用的线条较多，但这些线条的绘制都依托山石的结构特征来勾画。另外，在绘画过程中要考虑构图、线条的疏密关系、虚实关系等，如图3-39所示。

图3-39　山石速写步骤2

3.3.6　人物的数字化表现技巧

数字建筑速写中的人物配景主要起到衬托建筑物的尺度和营造画面趣味性的作用。人物表现要以概念化展示人物动态特征为主，如图3-40所示。勿借鉴传统人物速写作品表现手法，精致刻画人物五官、内在形体结构、衣饰、姿态等诸多细节，如图3-41所示。

图 3-40 概念化人物

图 3-41 传统速写人物

　　人物的动态速写要求创作者具备较高的造型塑造能力和敏锐的观察能力。建筑场景中近、中、远三个空间层次的人物需要概括表达，尤其是中、远景的人物，只需要塑造人物大致轮廓和阴影关系。前景人物的表现，首先绘制出人物的头部，其次继续刻画人物整体轮廓线，注意头部与身体的比例关系，最后刻画人物的细节，如头发、衣服褶皱、投影及衣着的主要暗部等，如图3-42所示。

图3-42　近景人物速写步骤

　　中景人物比起前景人物，人物造型更加概括，不要刻意强调衣服褶皱和衣着暗部，尽量以线稿表现，如图3-43所示。

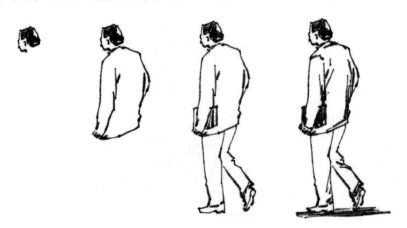

图3-43　中景人物速写步骤

远景人物相对比较简单，仅仅作为肢体呈现，是建筑尺度的参照物，如图 3-44 所示。

图 3-44 远景人物速写步骤

3.3.7 交通工具的数字化表现技巧

交通工具在建筑场景中也是重要的配景，能够烘托场景氛围、增加场景的空间关系。交通工具的速写重在于仔细观察交通工具的透视关系，采用线面结合的方式，快速简明地概括出大致轮廓，通过明暗表现体现结构特征，同时要观察与建筑主体的比例关系，保持与建筑物的协调，如图 3-45、3-46、3-47 所示。

图 3-45 自行车

图 3-46　SUV 汽车

图 3-47　轿　车

摩托车的画法如图 3-48 所示。根据透视关系快速勾勒出摩托车的轮廓线。

图 3-48　摩托车速写画法步骤 1

分析光源照射方向，用短排线大致表现出暗部结构，如图3-49所示。

图 3-49　摩托车速写画法步骤 2

概括性地刻画明暗交界面的结构，加深暗部及投影颜色即可，如图3-50所示。

图 3-50　摩托车速写画法步骤 3

4

建筑速写数字化
创作路径案例解析

著者依据自己常用的数字速写创作平台，考虑软件实用性与易学性的因素，选择了 Art Set、Noteshelf、Procreate、PS 四款绘画软件进行数字速写具体案例的详细讲解。著者在长期的数字建筑速写创作过程中，使用这四款绘画软件，不断总结出详实的使用心得和经验。这四款软件不但具备简洁易懂的操作界面、精心设计的绘画功能、绚丽夺目的视觉效果，而且均能提供流畅自然且各具特色的速写绘画体验。

另外，必须强调一点，绘画软件选择得合适与否应当遵从创作者个人长期的使用习惯，因人而异，同时要符合创作者的定位需求。无论你是为了专业需要，还是单纯为了培养兴趣爱好，采用合适的软件工具都是十分必要的。

4.1 基于 Art Set 的数字化创作案例详解——《古镇民居》

图 4-1 所示的该数字建筑速写场景选自兰州河口古镇，民居建筑古拙的大门、古朴的砖瓦不仅仅是眼里的风景，更是一段铭刻着黄河古渡口历史发展的鲜活对白。

（1）打开 Art Set 绘画软件，设置文件的初始选项，大小设置为 9M，宽高设置为 1194×834 Points，纸张效果为纯白色素描纸，如图 4-2 所示。

图 4-1 河口古镇民居建筑实景

图 4-2 《古镇民居》建筑速写步骤 1

（2）选择 Brushes（画笔）中的 Grit 笔触效果，该笔触能够模拟针管笔墨汁喷溅效果。调节笔触的 Size（大小）参数为 10%，调整 Pressure(压力)值不超过 50%，笔触颜色设置为黑色。快速绘制建筑门户和墙面的线稿轮廓，如图 4-3 所示。

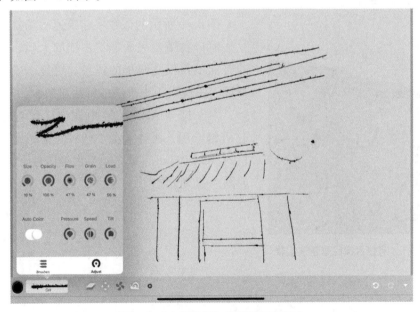

图 4-3 《古镇民居》建筑速写步骤 2

（3）继续选用 Grit 笔触工具，深入细化该民居建筑的门户和墙体结构轮廓线，同时调整透视关系和线条疏密关系，如图 4-4 所示。

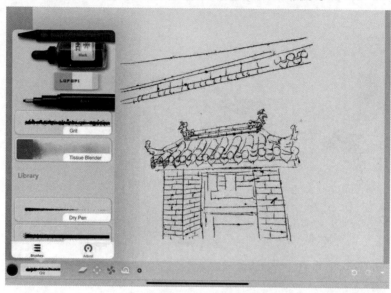

图 4-4　《古镇民居》建筑速写步骤 3

（4）修改 Grit 的笔触参数，调节笔触的 Size（大小）参数为 48%，调整 Opacity（透明度）值为 34%，建立民居门户和墙面的基础明暗关系，如图 4-5 所示。

图 4-5　《古镇民居》建筑速写步骤 4

（5）选择 Brushes（画笔）中的 MARKER 笔，调节笔触的 Size（大小）参数为 23%，为墙面和门扇着色，营造墙面和门户的空间层次关系，如图 4-6 所示。

图 4-6 《古镇民居》建筑速写步骤 5

（6）选择 Brushes（画笔）中的 MARKER 笔，调节笔触的 Size（大小）参数为 23%，根据实景照片选择不同的颜色，为门头装饰部分着色，协调民居门户主要结构的前后关系和色彩冷暖关系，如图 4-7 所示。

图 4-7 《古镇民居》建筑速写步骤 6

（7）继续使用 Felt Tip Pen（毡尖笔），调节笔触的 Size（大小）参数为28%，Opacity（透明度）值为89%，着重刻画清水脊和瓦作的装饰纹样，如图 4-8 所示。

图 4-8 《古镇民居》建筑速写步骤 7

（8）选择 Brushes（画笔）中的 Colour Pencil（彩色铅笔），调节笔触的 Size（大小）参数为 49%，刻画墙面的墙皮肌理和民居门户的阴影，营造民居门户的历史沧桑感，如图 4-9 所示。

图 4-9 《古镇民居》建筑速写步骤 8

（9）选择 Brushes（画笔）中的 MARKER 笔，调节笔触的 Size（大小）参数为 33%，Opacity（透明度）值为 33%，颜色设置为黑色，进一步加强建筑结构的明暗关系和对比关系，如图 4-10 所示。

图 4-10 《古镇民居》建筑速写步骤 9

（10）选择软件界面下方的"+"按钮，在子菜单下选择 Adjustments 菜单，调节对比度、明度等参数，对画面做整体的色彩校正处理，如图 4-11 所示。

图 4-11 《古镇民居》建筑速写步骤 10

（11）将作品导出 png 格式，进行数字化图像保存，最终该速写作品如图 4-12 所示。

图 4-12　《古镇民居》建筑速写步骤 11

4.2　基于 Art Set 的数字化创作案例详解
——《天水仙人崖》

《天水仙人崖》数字建筑速写场景选自甘肃省天水市麦积山景区的仙人崖（图 4-13）。该崖崖俊、山巍、林密，景致独特。寺观、庙宇以及窟龛建筑群建于凸凹的飞崖间，别有洞天。实地取景采用远景构图，表现心与境平和、心与境清明的意境。

图 4-13　天水仙人崖实景

（1）打开 Art Set 绘画软件，设置文件的初始选项，大小设置为 16M，图层 12Layers，宽高设置为 1194×834 Points，纸张效果为纯白色素描纸，如图 4-14 所示。

图 4-14　《天水仙人崖》建筑速写步骤 1

（2）选择 Brushes（画笔）中的 Grit 笔触效果，调节笔触的 Size（大小）参数为 30%，调整 Pressure（压力）值为 80%，笔触颜色设置为黑色。快速绘制庙宇建筑群和山体的线稿轮廓，如图 4-15 所示。

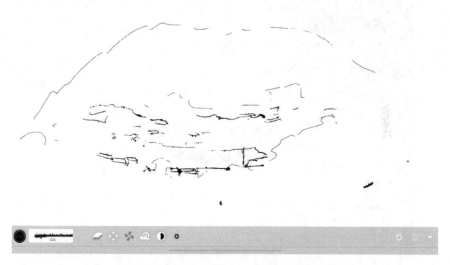

图 4-15 《天水仙人崖》建筑速写步骤 2

（3）使用 Felt Tip Pen（毡尖笔），调节笔触的 Size（大小）参数为 20%，Opacity（透明度）值为 100%，继续绘制建筑群的具体位置和大致结构，如图 4-16 所示。

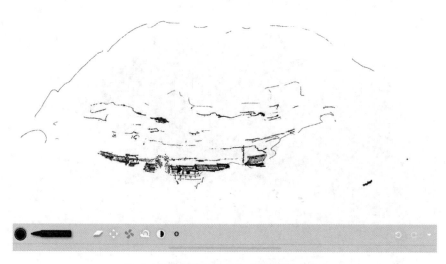

图 4-16 《天水仙人崖》建筑速写步骤 3

（4）选择 Brushes（画笔）中的 Print Bloc 笔刷，调节笔触的 Size（大小）参数为 35%，Opacity（透明度）值为 85%，根据实景设置相关颜色，大致确定建筑群和崖壁的色彩关系，如图 4-17 所示。

图 4-17 《天水仙人崖》建筑速写步骤 4

（5）选择 Brushes（画笔）中的 Print Bloc Short 笔刷，调节笔触的 Size（大小）参数为 65%，Opacity（透明度）值为 65%，快速绘制山体密林的相关颜色，如图 4-18 所示。

图 4-18 《天水仙人崖》建筑速写步骤 5

（2）点击画笔选择界面，选择干介质画笔中的 KYLE 的终极硬心铅笔工具快速绘制水车轮廓，这套 KYLE 笔刷包含铅笔、蜡笔、炭笔、毛笔、油画笔与水彩笔，此外还包含涂抹工具（晕染刷）与橡皮擦，十分适合速写创作，如图 4-77 所示。

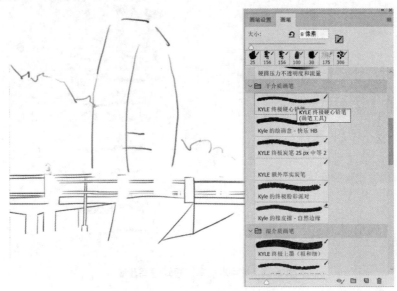

图 4-77 《兰州水车》建筑速写步骤 2

（3）继续采用该画笔工具勾勒水车结构线，如图 4-78 所示。

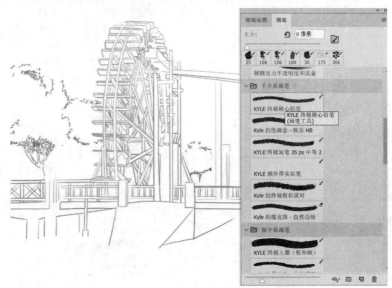

图 4-78 《兰州水车》建筑速写步骤 3

（4）绘制配景树木的明暗关系，塑造画面空间层次关系，如图 4–79 所示。

图 4-79 《兰州水车》建筑速写步骤 4

（5）运用软直线排线的方式，绘制前景的水面的水车倒影，丰富画面内容，如图 4–80 所示。

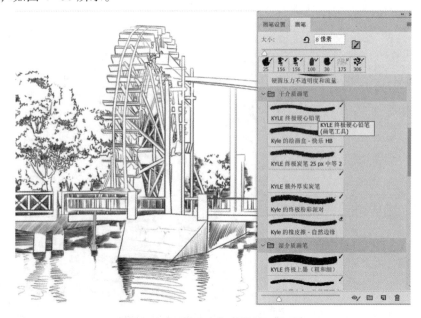

图 4-80 《兰州水车》建筑速写步骤 5

（6）将 KYLE 的终极硬心铅笔的笔尖大小设置为 10，继续采用软直线排线方式，表现车轮叶板的暗部肌理，如图 4-81 所示。

图 4-81　《兰州水车》建筑速写步骤 6

（7）选择湿介质画笔中的 KYLE 的终极上墨画笔工具，在色彩选择框中选择合适的颜色，为场景建筑、树木、水面着色，如图 4-82 所示。

图 4-82　《兰州水车》建筑速写步骤 7

（8）继续选择湿介质画笔中的 KYLE 的终极上墨画笔工具，不断调节场景色彩关系，如图 4-83 所示。

图 4-83　《兰州水车》建筑速写步骤 8

（9）强化水车暗部颜色，进一步塑造水车的空间关系，选择湿介质画笔中的水润涂抹画笔工具，画笔大小设置为 125 像素，将水面进行模糊处理，确保水车主体始终保持画面的视觉中心的位置，如图 4-84 所示。

图 4-84　《兰州水车》建筑速写步骤 9

（10）该数字建筑速写成品如图4-85所示。

图4-85 《兰州水车》建筑速写步骤10

5

数字建筑速写
主题实验性创作

5.1　《甘南印记》主题系列数字建筑速写实验创作

甘南藏族自治州位于甘肃省西南部。甘南地区的藏式建筑，不仅展现出藏族人民的生活空间，更重要的是反映出一种生活方式和与这种生活方式相关的传统文化，是我国建筑文化遗产重要的组成部分。藏式建筑以其相对稳定的特性和所蕴含的宝贵历史文化价值被誉为社会历史的"活化石"。该数字建筑速写系列创作场景选自甘南夏河拉卜楞寺、合作米拉日巴佛阁、迭部扎尕那等地，通过描绘甘南藏族浓郁、鲜明的地方特色建筑，展示甘南地区藏式建筑的独特韵味。

图 5-1　作品《甘南印象一》

图 5-2 作品《甘南印象二》

图 5-3 作品《甘南印象三》

图 5-4　作品《甘南印象四》

图 5-5 作品《甘南印象五》

图 5-6　作品《甘南印象六》

图 5-7 作品《甘南印象七》

图 5-8 作品《甘南印象八》

图 5-9 作品《甘南印象九》

5.2 《河口古镇》主题系列数字建筑速写实验创作

自古以来，金城西门河口都是黄河上游的重要港口，西北各地的长途运输多途经此处，在河口古码头卸货、装货、运输各类货物。河口古镇更是名迹荟萃的历史文化之乡。河口古镇保存有较为完好的明清时期古建筑，该数字建筑速写场景选自古镇内的钟鼓楼、卧桥、城门、牌坊、四街十七巷等，通过描绘再现河口古镇明清民居建筑特色以及古镇整体风貌格局的和谐统一。

图 5-10 作品《河口古镇一》

图 5-11 作品《河口古镇二》

图 5-12　作品《河口古镇三》

图 5-13　作品《河口古镇四》

图 5-14　作品《河口古镇五》

图 5-15　作品《河口古镇六》

图 5-16　作品《河口古镇七》

图 5-17　作品《河口古镇八》

图 5-18 作品《河口古镇九》

图 5-19 作品《河口古镇十》

图 5-20 作品《河口古镇十一》

5.3　《古城天水》主题系列数字建筑速写实验创作

"羲皇故里"天水，历史悠久，人文荟萃，是甘肃省的东大门，也是中华
民族远古文明的发祥地之一。天水地区的古建筑风格兼有北方的粗犷和南方
的精巧秀美，在粗犷中蕴藏着温度，在柔情中表露出朴拙，在中国建筑艺术
中独具一格，有着重要的研究价值。该系列数字速写的场景选自天水麦积山
石窟、伏羲庙、净土寺、古民居建筑群落等，通过描绘这座古色古香的古城
的点滴，品味这里厚重的文化情怀，体验其深邃的魅力和含蓄的风韵。

图 5-21　作品《古城天水一》

图 5-22 作品《古城天水二》

图 5-23　作品《古城天水三》

图 5-24 作品《古城天水四》

图 5-25　作品《古城天水五》

图 5-26　作品《古城天水六》

图 5-27 作品《古城天水七》

图 5-28　作品《古城天水八》

图 5-29　作品《古城天水九》

图 5-30 作品《古城天水十》

结　语

著名新媒体理论家列夫·曼诺维奇认为：数字时代的文化已经转型为软件文化，而算法在整个过程中扮演着十分重要的角色。算法对于艺术对象的呈现都是唯一的。而传播学家麦克卢汉也曾指出：任何新技术都要改变人的整个环境，并且包裹和包容老环境。由此可见，当代社会的数字媒体技术正处在快速利用、重构、嫁接传统媒介的过程，也逐步将旧媒介作为艺术形式或表现对象。

数字建筑速写是艺术与媒体的一种交叉结合，既传承了传统艺术发展至今的众多理念，也结合当代媒体信息技术以及软件为表现形式带来的种种创新。顺应这一背景，数字建筑速写这一重要的艺术表现形式也逐步构建着自身的"数字化"属性、特征和美学体系。设计、艺术从业者也在将计算机作为一种创造性的媒介，并为设计、艺术创意实践工作提供一种新的可能。这种可能伴随着对数字对象本质的思考，新的工作流程的开发以及对设计与艺术之间关系的重新定义。毕竟数字建筑速写对很多设计学科、艺术学科起到重要的支撑作用。其不仅可以让设计、艺术从业者应对诸多课程从"纸面"到"屏幕"转化过程中遇到的技术难题，而且能够有效地培养创作者对事物动态分析及表现的能力、提炼形象和夸张的能力、对运动规律的理解与描绘能力、将生活客观形象转化为设计所需的抽象符号形象的能力。

当然，我们也必须认识到，数字化本身是一把双刃剑。数字绘画技术的快速发展，会不会更容易混淆艺术与现实的界限？当大量模式化的数字作品冲击欣赏者主体的知觉时，欣赏主体除了对能指的自动反应之外，还能否存在生动而独特的审美经验？长远来看，数字技术对作品创作的丰富性会产生怎样的深刻影响？是打破平面静态的界限，深化视觉与身体的相互融合，还是通过传播媒介优势所带来频繁的互动参与，给作品的创作和欣赏带来革命性的契机？这些都是值得我们去思考和探讨的问题。

　　无论数字化的进程会向何处发展，在数字艺术创作的整个过程中，重要的还是我们如何灵活运用数字化手段，对自身的生活场域进行深刻的理解和观察，用艺术的表现形式和技巧，将深刻的艺术意象、艺术构思生动形象地表现出来，才能最终创作出完美的作品，从而避免生硬地使用数字化技术。那只是机械性的重复和模仿性的制作，绝不可能创作出具有艺术感染力以及独特个性的艺术作品。

　　路漫漫其修远兮，但数字艺术的未来值得我们共同期待！

参考文献

[1] 王红英，吴巍．景观·建筑速写表现 [M].北京：中国水利水电出版社，2013.

[2] 郑晓慧．景观设计思维手绘表现 [M].北京：化学工业出版社，2020.

[3] 任全伟．钢笔·马克笔·彩铅建筑手绘表现技巧[M].北京: 化学工业出版社版社，2014.

[4] 谢宇光．建筑速写 [M].青岛：中国海洋大学出版社，2014.

[5] 攻克先生，赵帅，田玲．印象手绘·建筑设计手绘线稿表现 [M].北京：中国邮电出版社，2018.

[6] 夏克梁，夏克梁手绘景观元素——植物篇（上）[M].南京：东南大学出版社，2013.

[7] 丁思美，时孝东．笔笔起意：透析建筑钢笔画淡彩绘画技法 [M].沈阳：辽宁美术出版社，2018.

[8] 曲文强．数字绘画设计 [M].北京：中国青年出版社，2014.

[9] 陈曦．新媒体技术下的数字绘画艺术研究 [D].昆明：昆明理工大学，2014.

[10] 孙一丹．拟像语境下数字绘画的拓展 [D].沈阳：鲁迅美术学院，2016.

[11] 史文静．论数字技术对艺术创作表现力的拓展 [D].重庆：四川美术学院，2019.

[12] 李季．新媒体语境下壁画艺术的数字化表达 [D].大连：大连理工大学，2009.

[13] 汤艳飞．新媒体语境下绘画艺术的数字化表达 [D].大连：大连工业大学，2015.

[14] 向梦娇．大卫·霍克尼式 iPad 绘画及我的创作 [D].武汉：湖北美术学院，2020.

后 记

　　建筑是一个民族活着的史书。它不仅具备实用功能，更为重要的是，它是一种行走的活态文化或者雕塑。将建筑的文化流溢与融合的痕迹呈现在数字化媒介这一视觉文本上，借助技术不断输出刺激视觉，建筑与创作者之间始终处在一种建立关联的交互状态中。建筑的数字化速写其实就是自身参与一个复杂的知觉场中，重新校订我们的知觉经验，以及对新的知觉经验进行参与性的转换与取出的全新过程。希望通过速写艺术与数字化技术相融合的有益尝试，为数字绘画的形式拓宽思路，从而使建筑文化有一个更好的数字生存环境，使建筑文化遗产的传承和发展更有意义和价值。

　　再次感谢我的家人对我一直以来的鼓励与支持，感谢我的老师、朋友、同事、学生对我一直以来的关心！

张志晓

2021 年 7 月 27 日于兰州